U0384936

大马警官

    生肖小镇负责维持交通秩序的警察，机警敏锐。有一辆多功能警用摩托车，叫闪电车，能变出机械长臂进行救援。

喇叭鼠

    生肖小镇玩具店的老板，也是交通安全志愿者，有一个神奇的喇叭，一吹就能出现画面。

老虎校长

小老虎

编 委 会

主 编

刘　艳

编 委

李　君　朱建安

朱弘昊　丛浩哲

乔　靖　苗清青

交警叔叔阿姨送给小朋友的礼物！

图书在版编目(CIP)数据

小老虎学跳舞 / 葛冰著；赵喻非等绘；公安部道路交通安全研究中心主编. - 北京：
研究出版社，2023.7
（交通安全十二生肖系列）
ISBN 978-7-5199-1478-3

Ⅰ.①小… Ⅱ.①葛… ②赵… ③公… Ⅲ.①交通运输安全 – 儿童读物 Ⅳ.①X951-49

中国国家版本馆CIP数据核字(2023)第078905号

◆ **特别鸣谢** ◆

湖南省公安厅交警总队
广东省公安厅交警总队
武汉市公安局交警支队
北京交通大学幼儿园
北京市丰台区蒲黄榆第一幼儿园

小老虎学跳舞（交通安全十二生肖系列）

出版发行：	中国出版集团有限公司 研究出版社	策　　划：	公安部道路交通安全研究中心
出 品 人：赵卜慧			银杏叶童书
出版统筹：丁　波			

责任编辑：许宁霄	编辑统筹：文纪子
装帧设计：姜　楠	助理编辑：唐一丹

地址：北京市东城区灯市口大街100号华腾商务楼	邮编：100006
电话：（010）64217619　64217652（发行中心）	

开本：880毫米×1230毫米　1/24　印张：18	字数：300千字
版次：2023年7月第1版	印次：2023年7月第1次印刷
印刷：北京博海升彩色印刷有限公司	经销：新华书店

ISBN　978-7-5199-1478-3	定价：384.00元（全12册）

公安部道路交通安全研究中心　主编

小老虎学跳舞

葛 冰 著　杨莉芊 绘

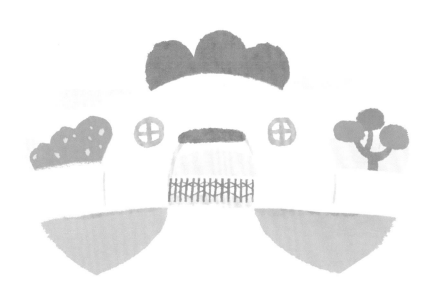

中国出版集团有限公司
研究出版社

老虎校长热爱运动，爱护学生，在小镇上可受欢迎了。
听说他要到小鸡学校当校长，小鸡们又紧张又好奇。

没想到老虎校长很可爱，他的牙齿磨得平平的，爪子磨得平平的，眼睛笑眯眯，弯成了小月牙儿。

小鸡们身体太瘦弱，老虎校长编了一套蹦蹦跳跳舞，
带着他们一起跳。

马路对面还有一所学校，学生是一群可
爱的小老虎。蹦蹦跳跳舞太好玩了，他们也
想跟老虎校长学跳舞。

"我去跟老虎校长商量商量。"猫校长说。

威威小学

第二天，老虎校长邀请小老虎们去小鸡学校上体育课。大家兴高采烈地出发了。

小老虎们排着队来到了马路边。

趁老师不注意，三只小老虎在马路边玩起了跳台阶。

大马警官和喇叭鼠正在巡逻，赶忙制止了他们，
并告诉小老虎们，等车辆通过时，要站在人行道上
面，否则很容易被来往车辆撞到。

小老虎们再次排好队，
准备要过马路了。

14

小鸡们看到小老虎，兴奋极了："咯咯咯！
快来跟我们一起玩呀！"

冲啊！

16

一只小老虎迫不及待地冲了出去。

大马警官遥控闪电车紧急伸出器械手臂，拦在了汽车前。猫校长也冲了出去，拉住了小老虎。

　　小老虎吓得嗷嗷大哭起来。

确认小老虎没事后，大马警官严厉地批评了他："刚刚太危险了！过马路，一定要先停一停，再左右看一看，最后匀速通过，不要因为对面有人叫就猛跑过去！"

马路上的汽车都停得稳稳的。小老虎们排好队，举起手示意，安全地过了马路。

安全过马路

过马路，学问多，
折返猛跑会惹祸。
左看看，右看看，
举手示意稳步过。

小朋友们，过马路时一定要注意观察，切不可横冲直撞或者走到一半再往回跑哟！

过马路不能横冲直撞或忽然中途折返

家长朋友们，在没有红绿灯的斑马线上过马路时，需要格外提醒孩子们注意以下几点：

❶ 不能像故事中的小老虎一样猛地冲出去，或忽然中途折返，因为孩子的速度太快，运动方向突然改变，都使驾驶人难以准确预判，更来不及刹车或避让。

❷ 要让孩子养成"先左看——再右看——再左看"的习惯，确保没有来车或者与车辆有足够的安全距离时，才可在斑马线上匀速通过。

❸ 过马路时要让孩子举起手臂，以使孩子更容易被驾驶人看见。

❹ 如果道路较宽不能一次通过时，要在安全岛或中央隔离带附近

等待。如果没有安全岛或中央隔离带也千万不要慌乱，可以在道路中心线位置停下观察，等待来车方向没有车辆或者有足够的安全距离时再匀速通过。